はじめての
ヴィーガン
日記

菜食と
動物のはなし

ボソン 著

金みんじょん 訳

太田出版

My Veganism Comic by Bosun
Copyright © Bosun 2020
Prunsoop Publishing Co
All rights reserved.
Japanese translation rights arranged with Prunsoop
Publishing Co
through Japan UNI Agency, Inc., Tokyo

プロローグ

　ヴィーガニズムに出会う前、私にとっての社会は人間だけのものでした。犬、猫、鳩を除き、生きている非人間動物に出会うことは、ほぼなかったからです。周りを見ると、街には焼き肉屋がずらりと並んでいて、百貨店には高級な毛皮の服が展示されており、冷蔵庫には新鮮な牛乳と卵がしっかり自分の場を守っています。このように私たちは動物の死と隣り合わせで生きているのに、正直動物の一生については無関心でした。時には、動物にも命があるということを忘れたりもします。

　屠殺場に連れていかれる牛と目が合ったことがあります。私は自分だけが牛を見ていると思ったのですが、違いました。牛もその大きな目で間違いなく私を見ていました。もしかしたら私の姿はあの牛が最後に見た場面かもしれません。だから私は泣いたらいいか、笑って見送ったらいいかわからず、頭がくらくらしました。短い生涯を終えて最後を待つ牛を見送りながら、私は無力感に襲われました。そして決心しました。屠殺場を離れ、再び動物が不在の日常に戻ったら、これ以上動物の死を見過ごさないと。

　本書が、非人間動物を考えるきっかけになればいいと思っています。思惟の対象が拡張されれば、自分の中の世界も広がるようになります。当然だったことが当然ではなくなり、見えなかったものが見えるようになります。ヴィーガニズムの蓋を開けるということは、昔からそうだった、慣れ親しんだ現象の転覆を試みることです。

だから、もしかしたらヴィーガニズムは時にみなさんの気持ちを不快にさせるかもしれません。「肉食をする人は悪い人」と聞こえることがあるかもしれません。

なので、まず必ずお伝えしたいです。ヴィーガニズムは誰かを悪人として、烙印を押すためにある考え方ではありません。私は菜食しない人だからといってその人に道徳的な欠陥があるとは考えていません。私たちはある真実の前で傍観者になることがあるからです。飢餓問題、マイノリティ問題、環境問題など様々な問題がありますが、これらの問題をひとりで解決するために自分の人生を全部ささげるような人はほとんどいません。できる範囲で努力する人がほとんどだと思います。菜食も同じです。様々な社会問題のなかで一部を正そうとするための努力です。肉食の裏側にどんな不都合な真実があったとしても、その真実がみなさんの人生を否定しているのではありません。私はみなさんが真実と向き合うことを恐れないことを願っています。

本書では、一般農場より動物福祉に力を入れている「動物福祉農場」を紹介しましたが、動物福祉農場が動物権のための解決策ではないこともはっきりと言っておきます。動物の権利を徐々に高めていくことにおいて、その過程の一部という点で意味があると考えています。動物福祉農場から生まれた肉や卵、牛乳を消費することは消費者の動物権への関心を生産者に認知させることで、飼育環境改善の必要性を訴えてくれた点において間違いなく価値がありますが、結果的に動物を搾取し、屠殺するという点では限界があります。私は動物福

祉農場の商品の消費を勧めているというより、動物の消費を避けられないとき、動物のためによりよい選択肢があることをお伝えしたいです。

『はじめてのヴィーガン日記』ではヴィーガンの日常から、ヴィーガニズムから見た社会、農場動物の一生、工場式畜産の問題などを扱い、動物と新しい関係を結ぶための方法について載せました。

　真心をもって書きました。私の話がみなさんの思索の時間になることを、ヴィーガニズムに近づく勇気になることを願っています。

ボソン

003	✦	プロローグ
009	✦	プロローグ. Go Vegan!
010	✦	episode 1. ヴィーガンになった理由
012	✦	special episode 1. 菜食主義とは？
014	✦	episode 2. 小さなペンギンの物語
019	✦	special episode 2. ヴィーガニズムとは？
023	✦	episode 3. 空腹の夜
027	✦	episode 4. かわいくて悲しい動物
031	✦	episode 5. 変わりたい気持ち
036	✦	special episode 3. 食べ物になる前の生涯、卵用鶏編
041	✦	episode 6. 友人たちの趣向
047	✦	episode 7. 楽しい動物園の描き方
051	✦	special episode 4. 食べ物になる前の生涯、乳牛編
057	✦	episode 8. バニラソイラテ
060	✦	episode 9. 心を行動に
064	✦	special episode 5. 食べ物になる前の生涯、豚編
073	✦	episode 10. 憂うつなアメリ
077	✦	episode 11. 小粋なアメリ
081	✦	episode 12. 文芸クラブ
084	✦	episode 13. 動物のぬいぐるみ
088	✦	special episode 6. 毛皮
094	✦	episode 14. イメージなんて
098	✦	episode 15. まさにその顔
102	✦	episode 16. 海の宇宙人
105	✦	special episode 7. 漁業と生態系
109	✦	episode 17. アメリが病院を変えた理由
114	✦	episode 18. 現実と理想の間で
117	✦	special episode 8. 工場式畜産の問題

123	✦	episode 19. チャーリーとスンミの近況
129	✦	episode 20. ピノキオは人間なのか？
134	✦	special episode 9. 菜食の方が高くないですか？
137	✦	episode 21. 普通のお出かけ
142	✦	episode 22. 最初につながった瞬間
147	✦	episode 23. 料理サークル
153	✦	special episode 10. 菜食の栄養
158	✦	episode 24. アメリの心
160	✦	episode 25. 惰性の霧
165	✦	special episode 11. 肉食と環境
168	✦	episode 26. 完璧主義者
171	✦	episode 27. ３０歳のアメリ
174	✦	special episode 12. 代替料理
176	✦	episode 28. モノ化
180	✦	episode 29. 内向的なアメリ
183	✦	episode 30. 動物解放
189	✦	episode 31. 小さな変化を信じます
192	✦	special episode 13. 商品の選び方
194	✦	episode 32. エコフェミニズム
198	✦	episode 33. 植物の苦痛
202	✦	special episode 14. ヴィーガンを目指すセレブ10人
205	✦	episode 34. くじけないようなヴィーガン志向
208	✦	last episode. 最後の質問
212	✦	epilogue 1. ヴィーガンフェスティバル
215	✦	epilogue 2. 古着
218	✦	epilogue 3. コンビニ弁当
223	✦	エピローグ
226	✦	訳者あとがき　みなさん、安寧ですか

本書に記載されている情報は、原著刊行時点のものに準じております。

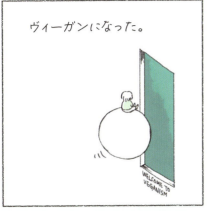

菜食主義者とは？

菜食主義者は言葉通り
「菜食を志向する人」を意味しますが、

その言葉には食生活を超え、
全般的な生活様式、
価値観、信念が含まれています。

なぜ菜食を志向するのか？

健康、宗教、動物権、地球環境など
理由はさまざまです。

菜食主義者は無条件に野菜だけを食べるのか？

いいえ。
菜食を「志向」するという
言葉は絶対的な菜食を
指すのではありません。

消費の範疇によって
菜食主義者を細分する
ことができます。

簡単に整理してみましょう。

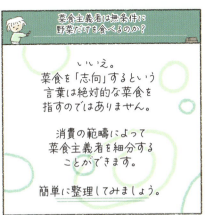

菜食主義者の範疇

ヴィーガン
(動物搾取によって得られた革、化粧品なども消費しない)

ラクト
(菜食するが卵をのぞき乳製品までは許容)

ラクトオヴォ
(菜食をするが卵と乳製品までは許容)

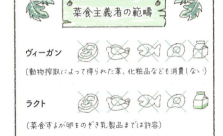

ペスコ
(菜食をするが、魚、卵、乳製品までは許容)

ポロ
(「赤い」肉を食べない)

フレキシタリアン
(菜食を志向するが、時と場合によって肉類や魚を食べる)

フルータリアン
(植物の生存を妨害しない果実、葉物、穀物だけを食べる)

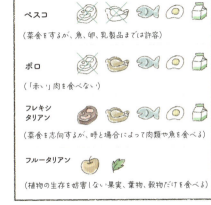

菜食主義の実践の範囲は
整理したものよりも、さらに
広くて多様です。

私は自分を「こういう菜食主義者」と決めて、その単語の意味の中に閉じ込められることを、いいとは思いません。

私は肉、魚、卵、乳製品、それに牛乳とバターも食べないの。そして蜂蜜も食べない

私はヴィーガン

ヴィーガン、ペスコなどの名称は単に「これこれを消費しない」と長く説明しなくても分かってもらえる便宜上の単語だと考えています。

episode2
小さなペンギンの物語

重要なことは菜食に対するそれぞれの「心」です。

みんなの菜食はそれぞれ異なります。日常に対する考え方、生き方も違います。

自分は何をして生きればいいのかな。ベッドに横になってもやもやすることが多い。

安定した仕事もいいが、私の性格上、続けられそうにない。

菜食主義は色とりどりの物語。

うーん…
私は暖かくて鮮やかな色の菜食主義者になりたいです！

これからやってくる未来のことが怖くなる。不安だ。

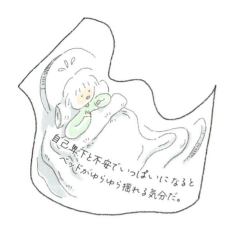

自己卑下と不安でいっぱいになると
ベッドがゆらゆら揺れる気分だ。

何も考えられなくなる。

時間を海に例えたら、
私はぐるぐる回るボートの中で
無気力にその場にとどまる石ころだ。

たまに未来が不安に思える日
私は一つの小さな存在のことを
考える。

その小さなペンギンのことは
SNSの映像を通して知った。

クリック！

人間に救助され保護されていた小さなペンギンが海辺にやってきた。	「終わり」も「底」も見えない海。
濃紺の海は荒々しい音をたてていた。 グアアアー　グアアアー	救助者の手から離れたペンギンは
海岸まで波が押し寄せる。 ざぶーん	海に向かう。 よちよち

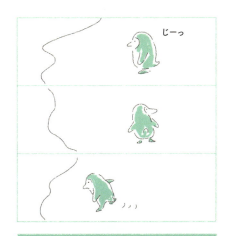

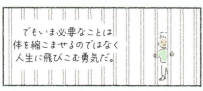

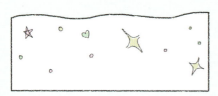
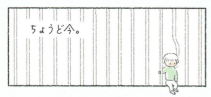
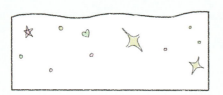

ヴィーガンとは

ヴィーガニズムを実践する人が
ヴィーガンです。

完璧なヴィーガンになるには制約が
多いので、実践できる範囲内で
最大限、実践します。

だから、「ヴィーガン志向」という
表現も使われます。

ヴィーガニズムの実践のしかた

動物を搾取する可能性がある食品、
製品、サービスなどを一切断ります。

否　　　定

もっと具体的にみてみますか?

食品

肉類、魚類、家禽類、卵、蜂蜜、
牛乳などの乳製品……

ゴーゴーヴィーガン〜

動物が使用されている
食べ物を食べません。

製品

動物の毛や革が使われた衣類、
動物実験が行われた化粧品などの
製品を消費しません。

サービス

動物園、サーカス、動物カフェなど
動物を対象化したり、搾取したりする
サービスに反対します。

環境

もっと視野を広げ、
動物との共存に悪影響を与える
環境問題にも関心を持って行動します。

ヴィーガニズムは動物のみに制限されません。

ヴィーガニズムの核心は自分を含め、他の存在を尊重し苦痛を減らすことにあり、動物権からもっと拡張された価値観です。

そしてここで必ず伝えたいことがあるんです。

不完全な実践でも意味があるという事実です。

「完璧でなければならない」という強迫観念のせいで、試すことすらためらう方が多いです。

すごく大変そう。私には無理

また、「完璧ではない」との理由で小さな努力そのものを非難する方もいます。

自然のなかで暮らしているわけでもないのに君は間違ってる

しかし、ヴィーガニズムの中には「完璧でなければならない」という前提はありません。

ヴィーガニズムは生き方を型にはめるための枠ではなく、自分の世界をより平和的に広める「生き方の方向性」なのです。

友情、情熱、配慮、勇気、正直…
みなさんの持っている素敵な価値観と同じです。

ヴィーガニズムを含む小さな努力には、こんなものがあります。

- 一週間に一日ヴィーガンになる
- 革製品を買わない
- 肉食の写真をSNSにアップしない
- 動物園に行かない

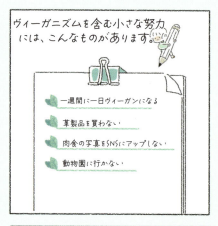

私は不完全なヴィーガンが増えることを願います。

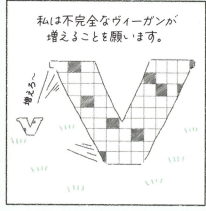

そしてお互いを支持することを願います。

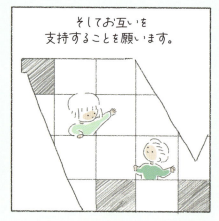

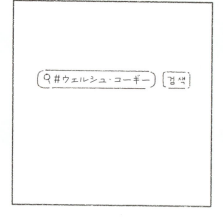

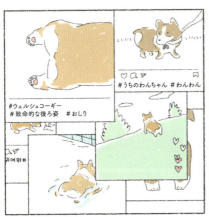

外から見ればよく見えるものの
裏には、怪しいことが多そうだ。

人を喜んで迎えてくれる田舎の犬？

首輪の半径内で暮らす田舎の犬。

賢いイルカ？

狭い水槽に閉じ込められたイルカ。

知らないことが多いから、自分も知らないうちに、動物たちに苦痛を与えているのかもれない。

仲良く遊ぶかわいいクマの友だち？

一生セメントの上で暮らすクマ。

知らないからって慣れてしまいたくない。

隠された苦痛を直視したい。

episode5
変わりたい気持ち

私、ヴィーガンになった

おぉー!

私も「おぉー!」だよ。
私も自分がヴィーガンになるとは
思わなかった。

おぉー!
おぉー!
おぉー!

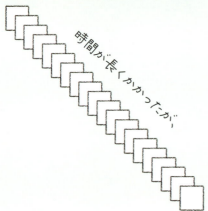

卵用鶏 孵化場

卵用鶏の一生は
大きく孵化と淘汰、飼育と淘汰、
そして屠畜へと続きます。

淘汰　淘汰　淘汰

ここでいう「淘汰」とは
成長が遅いひよこや鶏を
殺すことをいいます。

ひよこが孵化場で生まれると

ピヨ

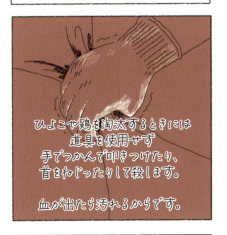

ひよこや鶏を淘汰するときには
道具を使用せず
手でつかんで叩きつけたり、
首をねじったりして殺します。

血が出たら汚れるからです。

メスは麻酔せず口ばしを切られます。
のちにストレスを受けた鶏が、互いを
つっついたとき傷つかないために。

ナイフやコテを使って取り除きます。

では、淘汰していない
鶏の生活の場を見てみましょう。

さぁ……

淘汰されないのは
いいこと？

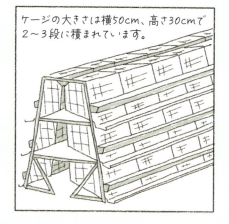

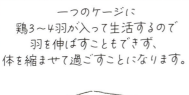

一つのケージに
鶏3〜4羽が入って生活するので
羽を伸ばすこともできず、
体を縮ませて過ごすことになります。

ストレスのせいで互いにつっついたり
体を鉄格子にすりつけたせいで
羽が取れることもあります。

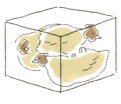

A4用紙

鶏1羽ごとの飼育面積

鶏1羽に当たり
A4サイズの紙より狭い面積で
暮らしていることになります。

平舎飼育に比べケージ飼育は
へい死*率がずっと高いので
作業者は毎日へい死した鶏を片付け
卵を回収します。

ギュッ

ケージが狭いので、
鶏たちは互いの爪で傷を負います。

鶏が年を取り、産卵率が落ちると
加工肉工場に売られ、死を迎えます。

*動物が突然死すること。

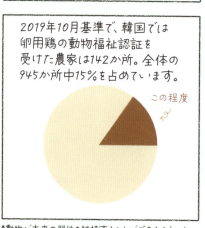

*動物が本来の習性を維持することができるよう、人道的な飼育方法をする農場を認証する制度。日本では2016年から開始。

買い物のときは、
動物福祉認証マーク*を
覚えておいてください。

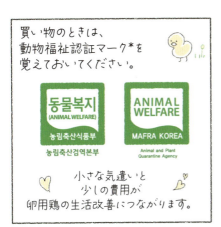

小さな気遣いと
少しの費用が
卵用鶏の生活改善につながります。

*日本でも、農場認証を得た商品に表示できる「アニマルウェルフェア認証マーク」など、法人や県独自の制度がある。

episode6
友人たちの趣向

友人チャーリーから
タトゥーを入れてもらった。

きれい！

チャーリーの作品は美しくも悲しくて
見ているといつも心が動かされる。

動物が実際に、苦痛を感じるということを話して

友人と好きなこと、嫌いなこと、大切なこと、恐れていることなどを話し合ったあとには

簡単にできる小さな実践に何があるか一緒に悩んだ。

野良猫を嫌わない

菜食を尊重する

ペットを購入せず引き取るか譲ってもらう

自分がより豊かな人になった気分だ。

すっきりした。

それぞれの好みがお互いの好みとなること。

それぞれの世界を分け合って互いの世界になること。

数日後
チャーリーもスンミもヴィーガンを志向することになった。

31ページに登場した友人

ヤッホー

-終わり-

とても楽しいことだ。

後日談

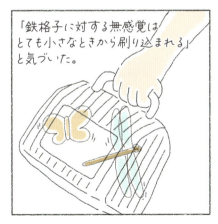

子牛が生まれたら、出生届を出し個体識別番号が印刷された耳札を両耳にくっつけます。

これで、牛の出生から屠畜、加工、販売までの情報を管理できます。

子牛肉になる子牛は、大人になって屠畜される牛とはちょっと違った形で育てられます。

メスの子牛
母の乳ではなく、牛乳の代替水を飲んで育ち牛乳を生産する乳牛になります。

まず生まれて一日か二日後に、市場に売られ、足も伸ばせないほど狭い小屋で生活することになります。

オスの子牛 牛肉を作る工場に売られ、飼育されたり子牛肉になります。

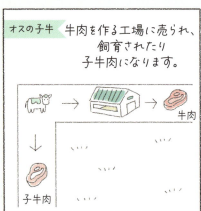

子牛を貧血の状態にするために床には藁を敷かず、栄養分も十分に与えません。

長い管で精液を注入して、人工授精させます。

妊娠して10カ月が過ぎ、子牛を産むと三日くらい初乳を飲ませたあと、別れさせられてしまいます。

母さん…

我が子よ

そうやって妊娠した牛は照明、飼料、温度などをコントロールされながら暮らします。牛乳の産出量を最大値に高めるためです。

子牛が飲むべき牛乳を人間が飲むのです。

私たちは乳牛から305日間、毎日40kgの牛乳を搾りだします。

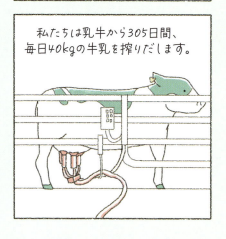

牛は母親と子の絆が強い動物なので、子牛を奪われた母牛はストレスが大きく、数日間泣くこともあります。

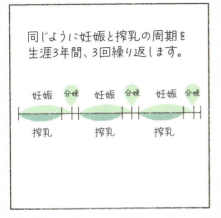

また、室外自由放牧場施設が義務化されていて、昼間に牛が放牧場を利用することができます。

子牛小屋も、一般農場の二倍ほどの面積です。藁を敷いて空気がよく循環できるように整えています。

こういう動物福祉乳牛農場は韓国にいくつあるでしょう？

2019年10月基準、韓国全国の乳牛飼育農家6274か所中、たった10か所の農家だけが動物福祉農場です。

0.16%です

2018年、動物保護に対する韓国の国民意識調査の結果、「動物畜産農場認証ラベル」について24.5%のみが「知っている」と答えました。

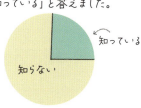

2017年の35.4%に比べ10%も減りました。

知って、消費することにつながらなければ、動物福祉農場は減るだけです。

もしも牛乳を消費するなら「動物福祉認証マーク」を覚えていてください。

*1 韓国で使われるスターバックスの別名。
*2 日本円で約30円。

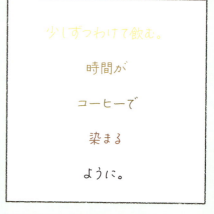

おかげで大丈夫じゃない日も
少し大丈夫になる。

episode9
心を行動に

カリスマ性がある人、勤勉な人、
自由な人、寛大な人、
センスのある人、感謝できる人…。

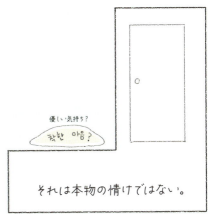

スーザン・ソンタグの『他者の苦痛へのまなざし』にこんな一節がある。

『他者の苦痛へのまなざし』を読んで、気づいたことは

ぱらぱら

情けに行動が伴わないと
かわいそうだ…

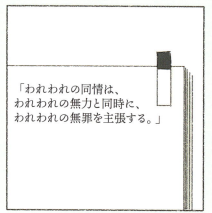
「われわれの同情は、われわれの無力と同時に、われわれの無罪を主張する。」

スーザン・ソンタグ『他者への苦痛へのまなざし』
北條文緒 訳, みすず書房, 2003年, 101–102

それは単なる回避の感情にすぎないということだ。
お腹すいたからラーメンでも食べよう

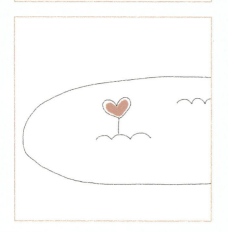

だけど、肉として生まれた豚たちの一生はほぼ同じです。

今日は豚たちがどんな風に暮らしているか、見てみましょう。

母豚(繁殖用のメス豚)

候補舎

豚を出産する母豚たちを集めておく場所です。ここで母豚の生涯が始まります。

妊娠舎

生後210日になると、初めて人工授精を受けます。そして、座るのも立つのもままならない狭い小屋で生活します。

分娩舎

分娩予定日が近づくと豚を妊娠舎から分娩舎に移します。

このとき、母豚の妊娠と出産過程を
コントロールするために、小屋に
それぞれ隔離します。

妊娠して114日ほど過ぎ、出産をすると
子豚に3週間くらい乳を与えてから

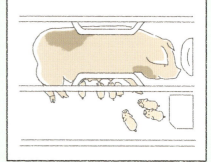

ですが、その空間が狭くて
母豚は横になっているだけなので、
床ずれを起こしたり

また妊娠をするために
妊娠舎に移されます。

こうやって、年2回の出産を
合わせて7回すると、生産性が
落ちるので、屠畜されます。

子豚が母豚につぶされて、
死ぬこともあります。

子豚および肥育豚（肉用豚）

分娩舎—1カ月間生活
子豚はここで生まれます。
寒さに弱い子豚のために分娩舎の内部に、暖かい空間を別に作っておきます。

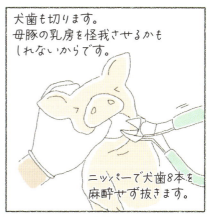

犬歯も切ります。
母豚の乳房を怪我させるかもしれないからです。
ニッパーで犬歯8本を麻酔せず抜きます。

生後一週間
子豚のしっぽを切ります。
豚はストレスを受けると他の豚のしっぽを噛みちぎるので、それを防ぐためです。

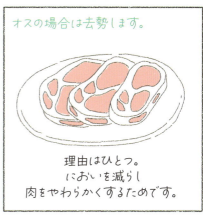

オスの場合は去勢します。
理由はひとつ。
においを減らし肉をやわらかくするためです。

豚のしっぽは、ペンチや熱線のあるハサミで麻酔せず切り落とします。

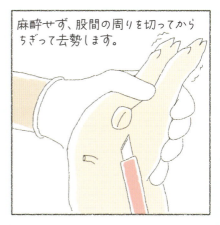

麻酔せず、股間の周りを切ってからちぎって去勢します。

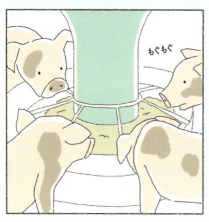

豚が一撃で死ななかった場合、息がなくなるまで放っておきます*。

*2005年基準、乳離れした子豚の廃棄率は18.4％

肥育舎—3か月間の生活

小屋の大きさは平均的に2×4.6mで、ひとつの小屋で豚10頭が生活します。

豚たちはいつも汚物まみれです。その理由は二つあります。

汚いのが好きだからじゃない

一つめの理由は、豚舎が狭いからです。

10頭の豚の糞に耐えるしかない

だから、休憩の空間と排泄の空間を別にするのは不可能です。

それに、排泄物を流すための穴があまりにも小さくて

豚たちが寝転がって糞を中に落とさないと、穴の下に落ちないのです。

二つめに、体温調節のための道具がないからです。

豚は汗腺が退化しているので、泥風呂に入って体温を調整する習性があります。

ですが、飼育空間には水や泥がないので、しかたなく自分の排泄物を体に塗って体温を調節しています。

肥育場からトラックへ

肥育場から屠畜場に行くときには、1〜2階になったトラックに乗せられます。

豚は生後6カ月になると屠畜されます。

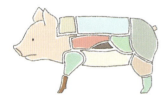

豚の自然寿命が10〜15歳なのを考えると、まだ赤ちゃんのときに死ぬことになるんです。

けれど、豚は慣れない環境への怖さがあって、簡単に肥育舎を離れてトラックに乗ろうとしません。

だから、豚を移すとき物理的な暴力がたびたび加えられます。

屠畜場へ

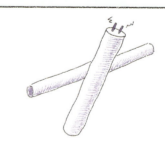

動こうとしない豚は、鉄の棒で刺したりスタンガンで電気衝撃を加えます。
（運送のためのスタンガンの使用は違法ですが、公然と使用されています）

| トラックで屠畜場へ |

屠畜場に入ると、まず豚を気絶させます。
それは大きく二つの方法で行われます。

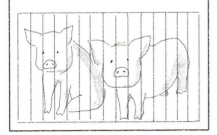

1. 電殺機
豚の屠畜のために特別に考案された
スタンガンで、豚の頭に電気衝撃を
加えます。

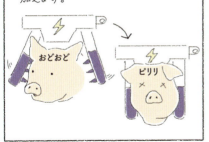

2. CO2窒息
豚にCO2ガスを浴びせ、気絶させます。

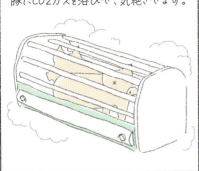

電殺機とCO2窒息、
どちらも成功率が100％ではなく
たびたび豚は意識が残っているまま
次の段階に進んだりします。

次の段階は「放血」で、
ナイフで経静脈を刺して
血を流させます。

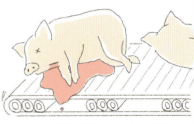

この過程で豚は息絶えます。

その後、手入れされた肉と内臓などの
副産物がトラックに乗せられ、
屠畜場を出発します。

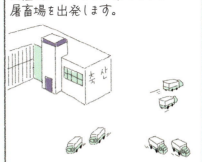

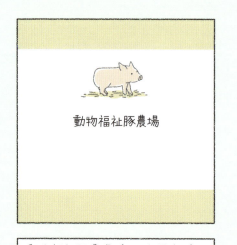

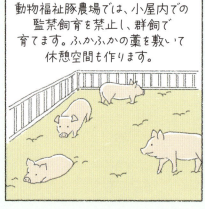

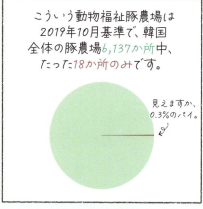

こういう小さな始まりが集まると、動物権についての認識も広がり動物福祉農場の環境もいまよりずっと良くなると信じています。

肉食を避けられないなら「動物福祉認証マーク」を必ず覚えてください。

episode10
憂うつなアメリ

今日はアメリの話をします。

アメリは冬まで横になっていました。

起きてどうするの

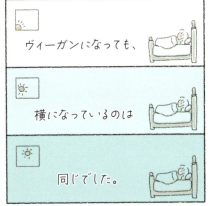

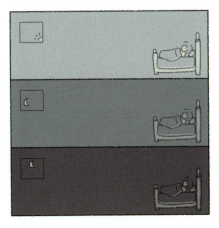

episode11
小粋なアメリ

この、うっすらとした満足感。

普通の食事だけど、変に沸き上がる満足感。

なんだろう。

何だろう？
変わったのは。

肉を避けて
野菜を選択した
だけなのに。

文芸クラブに行ったことがある。

適度な緊張感があって、おもしろい。

その会はひとつの絵を見て30分間、それぞれ文章を書いてから皆で話をする形で進行された。

ある人は日記を書き、ある人は詩や小説を書いた。

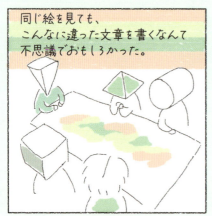

episode13
動物のぬいぐるみ

この会に続けて出ればいつか一緒にご飯を食べられるかな。

ヴィーガンの目で世界を見てみると

人の感情から矛盾を感じるときがある。

もっとヴィーガンが増えるといいなあと思った。

ひよこをかわいがるのに、

ぴよぴよ

かわいい

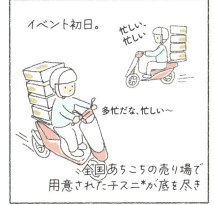

*チキンの「チ」＋韓国の女性の名前「スニ」＝チスニ。チキン屋がよく使うキャラクターの名称で、ここでは鶏のぬいぐるみを指す。チキンの「チ」＋韓国の男性の名前「ドリ」＝チドリもよく使われる。

チスニをもらった人々は
SNSに写真をアップして
自慢して見せびらかした。

死んだ鶏を使うチキン屋が配った
ぬいぐるみという事実が、「笑うに
笑えない」笑い話になった。

私は笑えなかった。

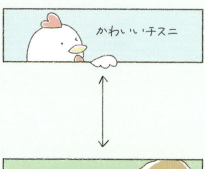

かわいいチスニ

おいしいチキン

その間にあるはずの、
息が止まるほどの苦痛が
痕跡もなく消えていた。

私の手足が折れるより、ずっと厳しい
苦痛がそこにあったのだろう。

special episode6
毛皮

私の毛皮は私のもの！

すてきな毛皮製品の裏で動物たちは、どんな扱いを受けているんでしょうか。

毛皮産業は人間にメリットだけを与えてくれるのでしょうか。

毛皮は服、かばん、ふとん、アクセサリーなど、いろんなところで使われています。

毛皮の不都合な真実
4つ

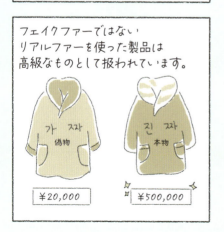

フェイクファーではないリアルファーを使った製品は高級なものとして扱われています。

가짜 偽物 ¥20,000
진짜 本物 ¥500,000

1. 動物たちが劣悪な環境で飼育されます。

毛皮の80〜85%は
野生動物ではなく、毛皮工場から
生まれます。毛皮工場の動物たちは
どう過ごしているんでしょうか。

ミンクの場合、野生では一日の
3分の2を水の中で過ごしますが
工場では、段ボール箱ほどの
大きさの鉄格子のなかに
閉じ込められて暮らします。

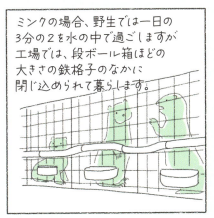

そのほかにキツネ、ラクーン、
アンゴラウサギ、犬など
多くの毛皮用の動物も
狭い鉄格子のなかで過ごします。

衛生的ではなく
習性も合わない環境では
脱水とめまいがよく見られ
ストレスもピークに。

だから自分を傷つけたり、狭い小屋を
休まず行ったり来たりするなど
異常な行動を繰り返します。

そわそわ

そわそわ

また、毛の成長を促すために注入する
ホルモン剤の副作用で視力が低下し
関節が弱くなることもあります。

2. 毛皮を得る過程は残忍です。

頭の皮まではがされたラクーンはまだ生きていて意識が戻った場合ひどい苦痛に襲われます。

ラクーン

棒で叩いたり、後ろ足をつかんで床に叩きつけ気絶させてから生きたまま皮をはぎます。

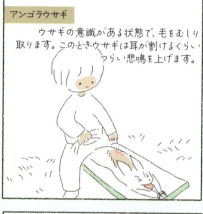

アンゴラウサギ

ウサギの意識がある状態で、毛をむしり取ります。このときウサギは耳が割けるくらいつらい悲鳴を上げます。

死んだあとは皮が固くなるのではがすことが難しく毛皮のつやがなくなるからです。

びりびり

毛を取られたウサギは鉄格子の中に入っても、苦痛のせいで立つこともできなくなります。

道具で毛を刈る際は
ウサギが暴れて
傷がつくこともあります。

こうやってウサギは三か月ごとに
毛をむしり取られ、2～5歳になると首を
切られたあと、皮をはがされます。

アザラシ

アザラシの子どもたちをこん棒で
叩いたあと皮をはぎます。

とある獣医学の調査によると
42%のアザラシが意識のあるうちに
皮をはがれているそうです。

羊

羊の全体の毛は機械で刈ります。

お尻の部分は皮膚と肉片を
麻酔せず切り取ります。
排泄物でウジムシがわくのを防ぎ
羊毛の生産性を高めるためです。
これを「ミュールジング」といいます。

ミンク

CO_2やCOガスを
浴びせて死なせ、毛皮を得ます。

つらいよ…

アヒル

アヒルの毛は手で毛を引っ張って
取ります。アヒルは6週間に
一度毛をむしり取られ生涯で
5～15回毛を取られます。

ぼりぼり

3. 動物が多く
犠牲になります。

世界的に、毎年4,000万頭の動物が
毛皮産業で犠牲になっています。

毛皮産業で殺される動物は
チンチラ、ラクーン、犬、猫、キツネ
など220種に上ります。

 カワウソ　10〜16
 オオヤマネコ　8〜12
キツネ　10〜20
 アナグマ　10〜12
 チンチラ　30〜200
ウサギ　30〜40

一着のファーコートのために
何頭の動物が使用されるでしょう？

4. 環境を
汚染します。

犬　15〜20
テン　60〜70
リス　200〜400
ラクーン　30〜40
ミンク　30〜70
アザラシ　6〜10

毛皮工場は、大気・水質汚染を
起こします。動物の糞尿から放出した
ガスが周りの生態系に悪影響を
与えることもあります。

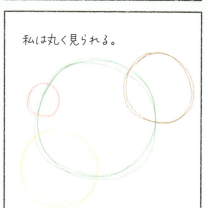

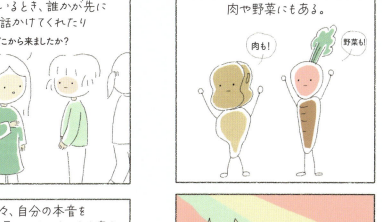

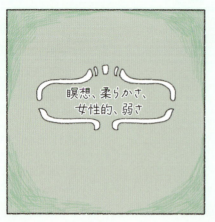

瞑想、柔らかさ、
女性的、弱さ

遊ぼうと、肉。

野菜のイメージだ。

友情を育てようと、肉。

乾杯〜 乾杯〜 乾杯〜

だけど、肉が野菜より強い
イメージを持っているからか
社会生活でもっと愛されるのは肉だ。

私は
万人の恋人

頑張れと、肉。

頑張れ、友よ！
今日はチキンでも食べよう

ヴィーガンである私としては残念だ。

いつか「パーティー」のイメージが野菜につく日を想像してみる。

知れば、野菜は楽しく幸せなやつなのに。
エブリバディ、ニンジンを振れ！

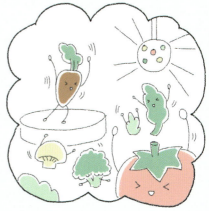

検索してみると菜食は多様で興味深いやつなのに。
ナムルとサラダだけじゃない。

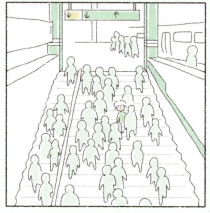

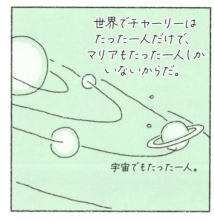

世界でチャーリーは
たった一人だけで、
マリアもたった一人しか
いないからだ。

宇宙でもたった一人。

そんななかで友人の顔を見つけると

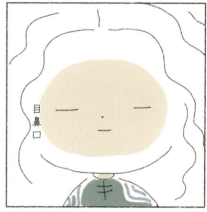

目
鼻
口

私はすごくうれしい。

チャーリー！　マリア！

目
鼻
口

友人の顔は私にとって
意味のある顔だ。

こんにちは、アメリ

*フランス・ドゥ・ヴァール 著,松沢哲郎 監訳,
柴田裕之 訳,紀伊國屋書店,2017年

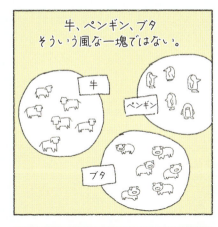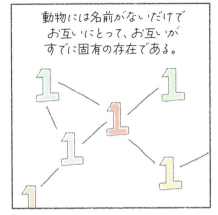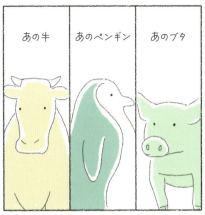

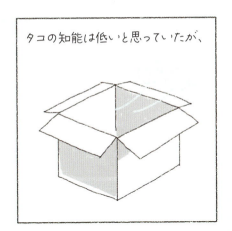
タコの知能は低いと思っていたが、

苦痛を感じ覚えることができ、神経系が発達した足は痛みに敏感だ。
足もそれぞれ性格が違う

実際はすごく賢い！
タコが賢いという事実はかなり有名です

タコは迷路の出口を見つけられる。

タコには脳が一つあるが、人間より遺伝子が1万個も多く、脳の構造が複雑だ。

足で瓶のふたをまわして開けることができて
それに遊ぶこともできる。

special episode7
漁業と生態系

タコには世界がどう見えるかな。
それが知りたい。

2016年基準で、韓国での一人当たり
魚類消費量は20kgに達し*
毎年その量は増加しています。

漁業が巨大化し、生態系に
様々な問題が起きています。
現在、漁業にはどんな問題が
あるかみてみましょう。

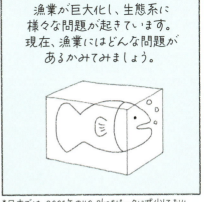

*日本では、2001年の40.2kgをピークに減少しており、
2021年には23.2kgと、ピーク時から約43%減少している。

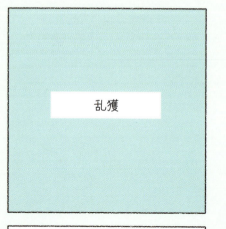

乱獲

乱獲を誘発するひとつの形態に不随漁獲と、幽霊漁獲もあります。

ひゅ…どろどろ…

乱獲
海洋生物の自然復元力を超えて、多くの量の魚類を捕獲することをいいます。

不随漁獲
特定の魚類を捕らえるために網を投げたとき、特定の魚類以外の他の海洋生物を意図せず捕まえることをいいます。

サバだけ捕まえたかったのに太刀魚も釣れた

現在、漁獲が可能な海洋地域中、30％で乱獲が起こっていて毎年約9,300万トンの海洋生物が死んでいます。

乱獲

全世界の不随漁獲は、実に40％にも達していますが、これと関連し、米国では全体漁獲量の17〜22％が毎年廃棄されます。

幽霊漁業

海に捨てられた網、漁網、縄などに海洋生物が引っかかって死ぬことをいいます。

国連によると幽霊漁業の装備が全世界の海洋ゴミの10％、約64万トンを占めていると報告されています。

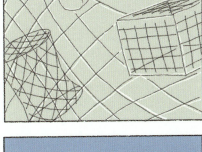

乱獲の問題

1. 海洋生物の絶滅危機

世界自然保護基金（WWF）によれば1970年から2010年までの40年間、海の中の動物1,234種を追跡調査した結果、半分程度が減ったと報告されています。

今後、もっと多くの海洋生物が絶滅の危機を迎えるとみられています。

2. 海洋生態系の混乱

乱獲は海洋生態系に混乱を招きます。海洋生物のエサが減り食物連鎖のバランスが崩れます。

3. 藻類増加

藻類を食べる海洋生物が減り藻類が害を与えるほど増加したことで海水が変色し、自然と病原菌が発生します。

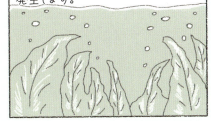

養殖業

世界で消費される魚の半分が、養殖場で育てられています。2014年には7,300万トン以上の魚類が養殖場で生産されました。

養殖業の問題

1、他の海洋生物に疾病を拡散

魚類の排泄物、化学物質が含まれたエサのゴミ、魚の廃棄物、寄生虫などの汚染物質が、まわりの海に広がり、他の海洋生物にも届きます。

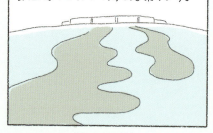

2、環境汚染

抗生剤、産業化学物質、魚類の排泄物、エサのゴミなどが養殖場のまわりの海を汚染します。

3、生物の多様性の減少

養殖場の魚たちにエサとして与えるため野生の魚を捕まえるので、生物の多様性は減少していきます。

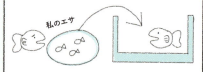

『タイム』誌によれば、養殖場の魚に与える1kgのエサを生産するには4.5kgの海洋生物が必要だそうです。

4、魚の毒素接種
魚は海水に含まれる
汚染物質を吸収するので、
水銀、ダイオキシン、鉛、ヒ素などを
体の中に蓄積することになります。

これに対し、魚が病気に
ならないように養殖場では抗生物質
と化学物質を使っています。

現在の漁業は持続可能な
生態系とは距離が
あるように見えます。
海洋生物との共存を考え、
実践することが必要なときです。

episode17
アメリが病院を変えた理由

私が今行っている精神科は二か所目だ。

「こんにちは」
「こんにちは」

お医者さんは細やかな気配りができる方で、親切に診てくれてうつ病もほぼ治った。

何も言えずに、そうやって
からかわれて相談を終えた。

かなり頼りにしていた
お医者さんだったのに、失望した。

頼りにしていた人を失ってしまった。

うつ病の治療にまったく
役に立たない話をした医師。

私は冗談でヴィーガンになった
わけではなく、動物の苦痛に
胸が痛くて、何かしてみようと思って
始めただけだった。

あの冷たい表情が恐ろしく
感じられて、鳥肌が立った。

私が動物のためにヴィーガンに
なったということが
そんなに軽く見えたかな？

だけど、冗談と
いうには表情が
あまりにも妙な
表情だった…

episode18
現実と理想の間で

ペットを飼うのが、動物にとっていいことなのかの問題。

動物と人間が平和に共存する方法について、探求している。

絶滅危機の動物を、人間が保護するのが正しいことなのかの問題。

本も読んで、関連映像も見ているけど自ら答えを見つけなければならない問題もある。

動物を見るときに感じる罪悪感が必要なのかの問題。

肉を見たらもっとそわそわしなくちゃ

もっと悪いと思わなきゃ

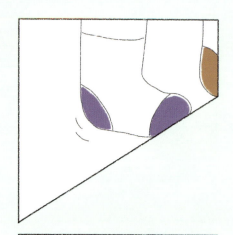
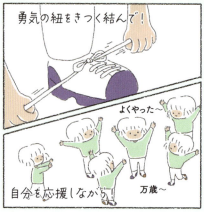

special episode 8
工場式畜産の問題

工場式畜産の実態

畜産は、地球の農業生産量の約40%を占めています。

全世界の農場動物の7割以上が工場式農場で育てられます。

国連食糧農業機構（FAO）によると地球で、水のない地域の26%が家畜を放牧するために使われ

工場式畜産とは

工場で製品を大量にプレスするように最小限の費用で、最大限の生産量を作り出す家畜の飼育法をいいます。

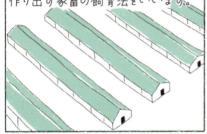

全体の耕作地の33%が、家畜の飼料となる作物を栽培することに使われます。

工場式畜産の特徴は大きく5つです。

1. 密集飼育
2. 人工施術
   （良質の肉を得るための去勢など）
3. 化学薬品の使用
   （成長促進ホルモン、抗生剤など）
4. 穀物餌の投与
5. 単飼（ストール、囲い・おり）方式飼育

これから、私たちの生活と深くつながっている工場式畜産の問題点を見てみましょう。

工場式畜産の問題
1. 環境汚染
2. 温室ガス排出
3. 食糧源泉と生産システムを非効率的に使用している
4. 人間の健康を脅かす
4-1. 化学薬品の服用
4-2. 伝染病発症
5. 小規模の自営農家に被害
6. 大規模な動物虐待

また、家畜の糞尿は環境を汚染します。牛1頭は一日に21.3kgの糞を排出します。

1万頭の牛が排出する糞の量

＝

11万人が暮らす都市で出るゴミの量

1. 環境汚染

全世界の各地の糞尿には、チッソが1億3,500万トン、リンが5,800万トン入っており、これは川と海の富栄養化*を促進させます。

畜産業は広い土地が必要なので、山林を多く損壊しています。

アマゾンの熱帯雨林の7割が牧草地、屠畜場、飼料耕作地を作るために伐採されました。

2. 温室ガス排出

*海水や川の水にふくまれる栄養分が、自然の状態より増えすぎてしまうこと。

畜産業で発生する温室ガスは地球全体の温室ガス排出量の14〜18％を占めると推定されています。

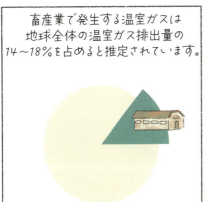

3. 食料源泉と生産システムを非効率的に使用している

これは、全世界のすべての運送手段が排出している温室ガスの排出量と、同じような水準です。

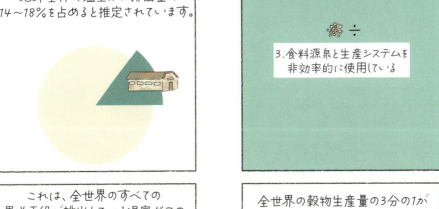

全世界の穀物生産量の3分の1が家畜のエサとなります。

牛一頭が1年間に排出するメタンガスは100kgくらいで、全世界の牛が発生させるメタンガスは、地球全体のメタンガス排出の25％を占めています。

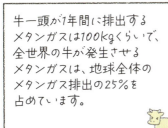

肉を生産するときには、同じ量の穀物を生産するより、ずっと多くの費用がかかり、これは食料を非効率的に配分させる原因になります。

少ない費用 → たくさんの穀物生産 → たくさんの人々に配分

多くの費用 → わずかな肉生産 → 少しの人々に配布

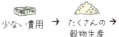

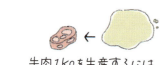

牛肉1kgを生産するには
穀物9kgが必要。

牛肉のタンパク質1kgを生産するには、
穀物のタンパク質1kgを生産する
15倍の水が必要になる。

 1kgの生産に
必要な水の量
単位：リットル

じゃがいも：500	お米：1,910
小麦：900	大豆：2,000
豆類：900	チキン：3,500
サトウキビ：1,100	牛肉：100,000
トウモロコシ：1,400	

世界では8億人が
飢えに苦しんでおり、

10億人分の飲み水が
足りていません。

国際食糧政策研究所（IFPRI）は
2020年までに、先進国が肉類の
消費を50％減らした場合、
開発途上国でお腹を空かせている
360万人の子どもたちを
救うことができると
明らかにしました。

また、国連世界食糧会議は
現在、家畜の飼料として使われている
穀物量の10〜15％が、世界の人口を
食べさせるのに相当する量になると
推定しています。

４．人間の健康を脅かす

4-1、化学薬品の服用

韓国では2011年以降7年間、ブタの口蹄疫、鳥類インフルエンザなど伝染病で殺処分された家畜の数は7,500万頭に上ります。

『ニューヨークタイムズ』によると2011年に生産された抗生剤の8割以上が、家畜に使われました。

人が肉を食べるとき、残留ホルモンと残留抗生剤を摂取してしまう危険があるのです。

監禁飼育される動物たちはストレスを受け免疫力が低下し、ウイルスが発生しやすくなります。また密集した状態なので病気がすぐ広まります。

4-2、伝染病の発生

飼育場で発生したウイルスは、人間の健康にも脅威となります。鳥類インフルエンザ、新型インフルエンザ、BSEなど、人間にも感染する伝染病は工場式家畜飼育と密接につながっています。

FAO、世界銀行、IFPRI、ILRI*など
の開発機関は、産業化した畜産業が
小規模な自営農家の存続を
危うくしていると発表しました。

*国際畜産研究所

人類全体の
歴史において
戦争による死亡者は
約6億1,900万人です。

畜産企業が巨大化したことで、小規模な
畜産業者たちは企業が確保した市場に
依存することになってしまうので、
企業に搾取される危険も大きくなります。

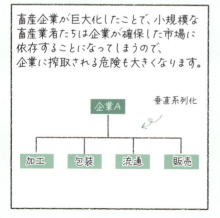

人間は三日ごとに
それと同じ数の
動物を殺します。

工場式農場の動物たちは、監禁箱、人工施術などに苦しみながら、劣悪な環境で暮らし、つらい死を迎えます。

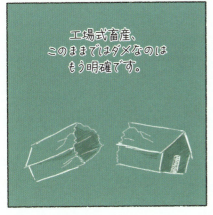

工場式畜産、このままではダメなのはもう明確です。

episode19
チャーリーとスンミの近況

最近、どうですか?

私の友人チャーリーとスンミ。二人はどんなやり方でヴィーガンを志向しているのだろうか。

チャーリー　　スンミ

チャーリーのヴィーガニズム漫画

ジャーン!

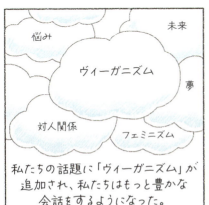

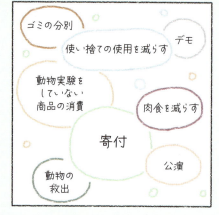

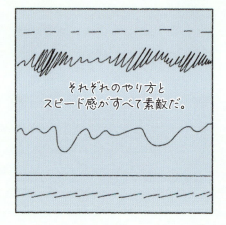

episode20
ピノキオは人間か？

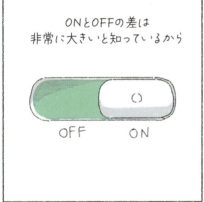

久しぶりに童話『ピノキオ』を取り出してみた。

私は、私と友人の努力を支持している。

妖精が命を吹き込んで生きて動くようになった丸太人形ピノキオ。

ビビディ〜

丸太でできたピノキオは人間か、人形か？

愛おしく神秘的な物語が好き。

人だとするには、心臓や脳がないし人間の体から生まれたわけでもない。はたして人間なのだろうか。
血も出ない

物語が無事に終わったとき、私は急に気になり始めた。

人形というには、悲しみや喜びを感じて、夢も見るから、やはり人間みたいだ。
外見だけが人形ではないかな
ふむ〜

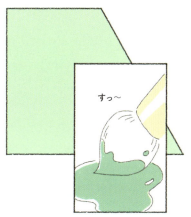

*¹ 映画『ジョーズ』をモチーフにした、サメの形のアイスクリーム。韓国にて1983年より発売。
*² スパイラル形のアイスクリーム。1985年より発売。

こういう場合は雑食だとしても、栄養をバランスよく摂取するのは難しいです。

雑食「引く」動物性材料、まず次の食事から試してみるのはいかがでしょうか。

菜食人口が増えて食品産業が全体的に変わってこそ解決できる問題だと思います。

みんなが合理的な値段で、栄養価ある食事ができるといいなあと思います。

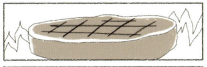

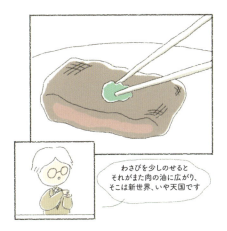

血の痕跡が一つもない放送局のスタジオ。

牛は一切れずつ肉のかけらになってから、人々にやっと愛される。

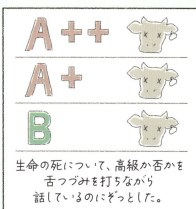

生命の死について、高級か否かを舌つづみを打ちながら話しているのにぞっとした。

ミスジ、牛バラ、ロース、ハネシタ、ハラミ…。牛の肉片には名前がある。

薄明かりが空間を暖かく照らすほど動物の命が空しく映った。

名前がある存在はなんといっても特別な愛情を注ぎ、思い出すにいい。

昨日焼いたあの牛バラ、あの子と食べたあのハネシタ

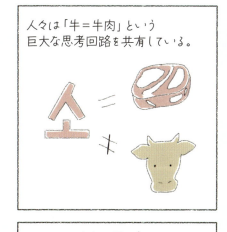

温かい食べ物を分け合って
食べながら

そうやって楽しい食事を終えたあと
料理が少し残った。

お互いの名前を知り、

ヘイさん　ウィウィさん
　　　ゴボウさん　マンゴさん

そのとき、
ヘイさんとマンゴさんが
ごそごそと何かを取り出した。

もぞもぞ

ヴィーガンとしての日常の話も
交わした。

ずばり密閉容器！
食べ物が残ったことを考えて
容器を用意してきたのだ。

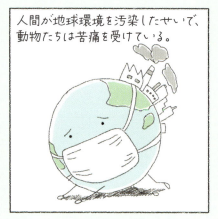

これまで、環境保護といったら あまりにも巨大で、私にできることは ほとんどないと思っていた。

環境保護を実践している方に 出会ったおかげで、私の日常に 問いかけが一つ増えた。

国や企業が解決すべきだと 言いながら、自分の責任を 後回しにしていた。

ヴィーガンのみなさんが見せてくれた 行動の効果は小さいが、確実だった。 そして、私にもできる行動だった。

special episode10
菜食の栄養

人生に肉が必要だろうか

ここから、菜食で摂取できる栄養素について調べてみましょう。

ヴィーガンを始めたときは、ちょっとした心配がありました。「菜食だけで栄養素を充分に摂取できるかな」という疑問がありました。

タンパク質

主に豆類に肉類くらいのタンパク質が豊富に含まれています。たとえば、ピーナッツバターサンドイッチひとつには、牛肉85gまたは卵3つ分のタンパク質が入っています*。

*『The Game Changers』(2018)より

疑問がわいたから、栄養に関して勉強し、いろんな資料を通して菜食をしても栄養素を充分に摂取できることを知りました。

食品のタンパク質含有量(100gあたり)

	タンパク質(g)		タンパク質
インゲン豆	20.2	栗豆	26.7
緑豆	21.2	大豆	41.2
赤豆	21.4	牛肉	22.8
黒豆	20.4	鶏肉	20.7
乾いたえんどう豆	21.7	卵	12.7

『ニュースタート健康原理』、SDA女性協会、2004

脂肪

ナッツ類と食物性油を通じて、健康な脂肪を接種できます。この脂肪は肉類や乳製品と比べて、体にいい不飽和脂肪酸の割合が高いです。

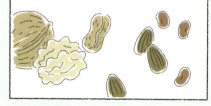

食物の脂肪含有量（100gあたり）

	脂肪量(g)	脂肪酸(％)	
		飽和脂肪酸	不飽和脂肪酸
アーモンド	54	8	92
ピーナッツ	51	18	82
クルミ	64	11	89
コーン油	80	18	82
牛肉	5〜25	50	50
豚肉	5〜15	39	61
牛乳	3.5	62	38

『私たちの体は菜食を求める』、イ・グァンジョ

カルシウム

いろんな野菜からカルシウムを取ることができます。サツマイモの茎やゴマ100gには牛乳4杯に該当するカルシウムが入っています。

食品のカルシウム含有量（100gあたり）

	カルシウム(mg)		カルシウム(mg)
黒豆	224	大根の葉	249
豆腐	126	乾燥白菜	335
油揚げ	295	春菊	119
黒ゴマ	1,237	ケール	320
ゴマ	1,245	サトイモの茎	709
サツマイモの茎	1,552	牛乳2分の1カップ	290
エゴマの葉	325	鮭90g	8

『栄養給食と調理』、チョン・ムンジャ、ソ・ミンジャ

オメガ3

オメガ3もまた様々な野菜から摂ることができます。

食品のオメガ3含有量

	脂肪酸(mg)		脂肪酸(mg)
あまに油小さじ1杯	7,526	ひまわりの種油小さじ1杯	74
クルミ4分の1カップ	1,703	サツマイモ1つ	38
大豆油小さじ1杯	938	バナナ1つ	38
ほうれん草1カップ	637	リンゴ1つ	25
アーモンド4分の1カップ	136	焼きジャガイモ1つ	17
アボカド2分の1カップ	99	キュウリスライス10枚	12
カブ1カップ	74	全粒粉パンかけら	11

『私たちの体は菜食を求める』、イ・グァンジョ

ビタミンB12

ビタミンB12の一日の摂取推奨量は2.4〜2.5mcgで、海藻類から充分に摂取できます。

食品のビタミンB12 含有量

	ビタミンB12 （mcg）
乾燥海苔1g	1.3
焼きのり1g	0.5
発酵キムチ100g	0.1
鯖1切	11
牛乳200ml	0.6
卵1つ	0.5

『菜食の最も大きな隙間、ビタミンB12』
サムソンソウル病院ヌリジブ、2015

健康になるには「これを食べなきゃ」「あれを食べなきゃ」と様々な主張が入り乱れていて、頭を混乱させます。

だけど、何が健康なメニューかについて、専門家たちは共通して野菜中心の食事をしながら、肉類や乳製品の摂取を制限することを勧めています。

ここで「米国の推奨献立」の変化を見てみましょう。

どう変わってきたのでしょう？

2005年フードピラミッド〜米国政府の推奨献立〜

肉類と卵は少し食べ、穀物と野菜、乳製品はたくさん摂取することを勧めています。

155

2005年フードピラミッド補完
～米国政府の推奨献立を補完した
ハーバード大学の推奨献立～

野菜と穀物摂取を基本に
赤い肉と乳製品を
少量摂取することを勧めています。

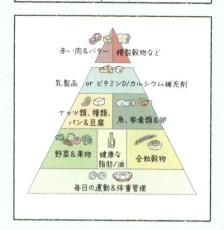

2011マイプレート
～米国農務省の推奨献立～

推奨献立は野菜、穀物、果物、乳製品、そして「タンパク質」で構成されています。「肉」ではなく「タンパク質」と表記されているのは、必須だった肉が選択肢から外されたからです。

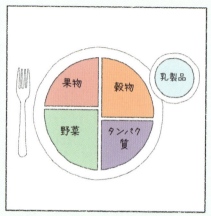

2011年マイプレート補完
～米国農務省の推奨献立を補完した
ハーバード公衆保健大学院の推奨献立～

野菜、穀物、果物、油、タンパク質、そして「水」で構成されています。必須だった「乳製品」が選択肢から外されることになりました。

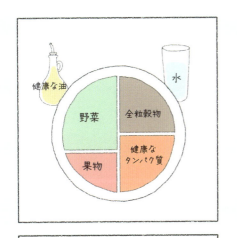

どんな菜食をするかが重要です。
献立をバランスよく構成すれば
菜食で十分に健康になれます。

ウフフッ〜

全体的に整理すると、
——野菜と果物、肉をまんべんなく
摂取することを勧めていたが、
——赤い肉の摂取を減らすことに
変わって——肉が選択項目に変わり
——その次に乳製品も選択項目と
なった。

もちろん菜食をすれば無条件に
健康になるのではありません。
毎日ポテトフライを食べる
菜食人の健康は悪いに
決まっています。

私は、ジャンクヴィーガン、加工食品を好んで食べる

episode25
惰性の霧

アメリは最後に「感謝」する心を見つけた。

この世界には惰性の霧が漂っていて長い間、人々は霧の中を彷徨っていました。そのせいで、暴力や苦痛が見えなくなってしまったのです。

だから自分が加害者または被害者だという事実に気づきません。

心が満たされたアメリはついに幸福を見つけた。

ひょっとして『アウト・オブ・キリング』というドキュメンタリーについて聞いたことがありますか。観ている間、鳥肌が収まらず、口を開けたまま観続けた、私の人生を変えた映画です。

監督は虐殺の主犯、「アンワル・コンゴ」に彼の偉大な業績を再現する映画を作ろうと提案し、その過程をドキュメンタリーで記録しました。

あらすじはこうです。1965年、インドネシアでクーデターが起こり、軍は共産主義者を敵として、100万人以上を虐殺しました。

最初、アンワル・コンゴは監督を死刑執行事務所の屋上に連れていきます。

そして鼻歌を歌いながら自分がどのように針金で簡単に人を殺したかを説明します。

この過程で、罪のない人々が残酷な拷問を受け、殺害されました。

亡霊でも殺すかのように、死の針金を引きながら語ります。

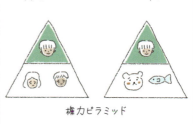

一方は毎時苦痛を受けているのに、一方は当然のようにその苦痛を消費しています。

まず悲しみと怒りを感じなければならず、身に付いた習慣を変えなければならず、危険を承知で、権力者にものを申さなければならない。

一度当然になったものは永遠に当然であるべきでしょうか。

しかし行動の主導権を自分が握っている立場なら、暴力を減らすことは多少簡単になります。

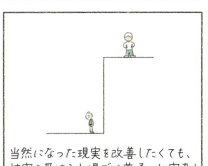

当然になった現実を改善したくても、被害を受ける立場では普通、加害者との権力の差があります。その社会を変えるには大きな努力が必要です。

暴力をやめればいいんです。

暴力を認め、その認識が再び無意識の中に隠れてしまわないように注意すれば、暴力をやめることは簡単です。

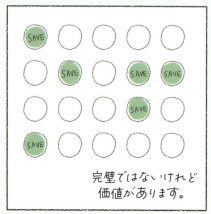

完璧ではないけれど価値があります。

一人がひとつの行動を変えた、まさにその瞬間ひとつの暴力がなくなるのです。

惰性の霧はもしかしたら数えられるものかもしれません。一つひとつ霧を取り除いていけば、みんなが無事でいられる日が訪れるでしょう。

牛乳の代わりに豆乳を選んだ瞬間、豚肉の代わりに大豆ミートを選んだ瞬間、そのすべてに意味があります。

special episode11
肉食と環境

温室ガス

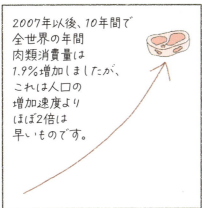

2007年以後、10年間で全世界の年間肉類消費量は1.9%増加しましたが、これは人口の増加速度よりほぼ2倍は早いものです。

気候変動に関する政府間パネル（IPCC）は、地球生態系の維持のために大気中のCO2濃度が400ppmを超えてはならないと警告しました。

しかしすでに400ppmを超えました。

肉食文化はどんどん巨大化しています。ところが、肉食は環境問題と深くつながっています。

畜産業は、地球全体の温室ガス排出量の14〜18%を占めています。

また、畜産量は亜酸化窒素の65%を排出します。この気体は二酸化炭素より地球温暖化に与える影響が296倍も高いです。

家畜の排泄物は、全人口の排泄物より130倍も多いです。

米国だけで一秒ごとに家畜の排泄物が53トン出ています。

メタンガスは、地球温暖化現象の原因中18%を占めています。世界中の家畜は、世界のメタンの37%を排出しています。

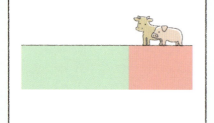

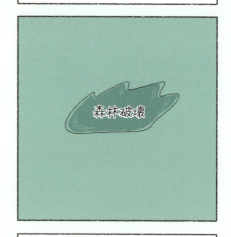

アマゾンの熱帯雨林の70%が牧草地、屠畜場、飼料耕作地のために伐採されました。

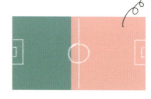

今も熱帯雨林は1秒ごとに4,000㎡が消えていっています。
（サッカー場の面積：7,140㎡）

牛肉1kg

牛肉1kgを生産するには

 水20,925ℓが必要で

 3時間走った車が排出した温室ガスと同様の大気汚染が発生し

 100Wの電球を20日間付けておくのと同様のエネルギーが必要

実践

菜食をすると雑食よりも

 二酸化炭素の排出は2分の1に減少

 化石燃料資料量は11分の1に減少

 水使用量は13分の1に減少

 土地使用は18分の1に減少

カリフォルニアを基準に計算した値

したがって、菜食が「毎日」の環境に与える影響

 二酸化炭素は4.5kg減少

 穀物・植物消費量は20kg減少

 水使用量は4,164ℓ減少

 破壊される森林地は2.8㎡減少

カリフォルニアを基準に計算した値

肉食を減らすことは環境のためにできる、とっても効果的な実践です。

episode26
完璧主義者

自分のことを厳しく評価し、非難し

私は極度の完璧主義者だった。
完全なる「完」、玉を意味する「璧」。

完璧ではないとの理由で多くを諦めてしまった。
遅刻するなら欠席する！
ああ、やっても無駄だ！
完璧じゃないなら始めても意味がない

仕事を完璧にこなす人ではなく、完璧にこなせなくてつらい人だった。

できないことに対する挫折が繰り返され、無力になったりした。

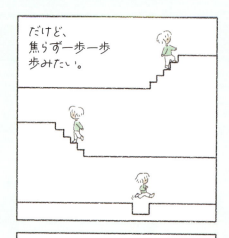

時間は、その人その人ごとに流れるから
年上だから成熟してるともいえず
年下だから未熟ともいえないが、

今年、私は再び咲くために
体を縮めていた気がする。

走るか否か

しっかりと時間と向き合って、いろんな
自分を積み上げていく過程では
ないだろうか。

積み重ねてきた時間を
振り返るために、本棚を眺めた。
『脳外科医マーシュの告白』*¹
『真昼の悪魔〜うつの解剖学〜』*²
『哲学のなぐさめ』*³...

私がこんな本を
選んできたのか

花は咲いては
散ることは繰り返すが、

他人の本棚のようにあれこれ見て

29歳の誕生日を目前に生を終えた
キ・ヒョンド*⁴の全集を取り出した。

*¹ ヘンリー・マーシュ 著, 栗木さつき 訳, NHK出版, 2016年
*² アンドリュー・ソロモン 著, 堤理華 訳, 原書房, 2003年

*³ ボエティウス 著, 松崎一平 訳, 京都大学学術出版会, 2023年
*⁴ 1960年生まれ、韓国の詩人・ジャーナリスト。

special episode12
代替料理

私たちはみんなが偉大な一人だった。
生きている、誰でも生きている。
はあはあ、短い息をして
内部の遥かな時間の息を信頼しながら
天国を信じながら、または疑いながら
都市、その弁証の夏を抜け出しながら。

キ・ヒョンド「悲歌2〜赤い月」から

episode28
モノ化

バター	
ココナッツオイル	ベジマーガリン

クリーム

ココナッツクリーム

ピッチャが、自分の本を私にプレゼントしてくれました。

アメリにはこの本を…

蜂蜜

アガベシロップ	メープルシロップ
オリゴ糖	水あめ

エヴァンジェリア・パパダキの『モノ化についてのフェミニストの見解』です。

ネットを検索してみたら、もっと様々なベジ食品に出会えると思います。

検索語
ヴィーガン＋（求める料理名）
菜食＋（求める料理名）

知っているようで知らないベジ料理を味わってみてください。

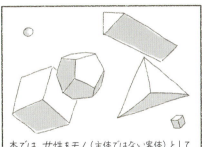

本では、女性をモノ(主体ではない客体)として扱う「モノ化」について、多角的に検証しています。モノ化の意味、モノ化と不平等の連結性、性的モノ化、肯定的モノ化の可能性…。

人は時に動物を簡単にモノとして考えます。

人間の権利について解く内容ですが動物権とも重なるところが多かったです。

ハッとさせられた

本に整理された、マーサ・ヌスバウムとレイ・ラングトンの「人をモノとして扱う考え方に関連するいくつかの特徴」について動物権の立場から紹介したいです。

現在、人間と動物の地位が不均等ですが、このような不平等は自然だと思われています。

名付けて、

動物をモノとして扱う考え方に関連するいくつかの特徴

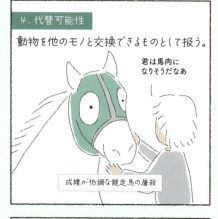

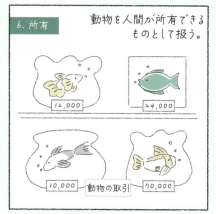

7. 主体性の否定
動物を、経験や感情を考慮する必要がないものとして扱う。

焼肉屋の動物キャラ

8. 身体のみのモノとして格下げ
動物を体や、体の部位と同一視して扱う。

鶏の大きさで価値を決める

9. 外見のみのモノとして格下げ
動物がどう見られているかによって違った扱い方をする。

好みの外見の品種猫、犬の生産

10. 沈黙させる
動物を、話す能力がないから沈黙しているものとして扱う。

動物の言語を排除

モノ化は人間のあいだでも、よく起きることです。

会社で職員を道具のように扱うとき、女性を性的対象化するとき、学生の自律性を否定して教育するとき。

人間同士のモノ化も認識することが難しいので、動物のモノ化となれば、さらに扱うことが難しい問題となります。

episode29
内向的なアメリ

命がモノに見えてしまうと、道具として扱われる可能性が高く暴力が正当化されることもあります。

アメリは内向的ですが、最近は人に会うのが好きになりました。

おかしいなあ、家が大好きだったのに

一週間に2〜3回は約束がある。

すべてのモノ化が倫理的な面で絶対的に悪いとは言えませんが、

ヴィーガン料理サークル、文芸クラブ、フェミニストの集まりにも時々顔を出しています。

否定的なモノ化については警戒する必要があります。

誰かと一緒にいても気楽に
いられるようになりました。

人と会うことが楽になった理由の
ひとつは、人々の心に暖かさがあると
信じるようになったからです。

冗談が言えず、無口でも
その姿が自然だということに
気づいたのです。

私はただそういう人なだけ

人々の輝きを発見する瞬間が好き。

使ってる言葉が
一編の詩のよう

嫌いだと
言うなんて
カリスマ性
がある！

どんなに賑やかな場所にいても
楽しくなったりうきうきしたり
しないですが、そういう場も今は
受け入れるようになりました。

乾杯！　　　　　乾杯〜
　　　　　　　　（静かに）

みんなが固有の存在だということが
ただただ、感動的になります。

episode30
動物解放

동물해방

動 物 解 放

今日も約束を入れます。
これからの出会いが待ち遠しいです。

私は外向的な内向的人間に
なったのでしょうか。

ヴィーガンになって、特別になった
単語があります。

サクサク

ずばり「動物解放」という
キーワード！

動物解放とは、動物福祉とは
違う概念です。動物福祉が、
動物を人間の所有物として
見守る行為なら、

今の種の差別は、人間が
強者となり、弱者である動物を
差別している構造です。

動物解放は、
人間が動物の上に君臨するという
種の差別主義から解き放たれた
状態、すなわち動物が自分の生を
主体的に生きることが
できる状態をいいます。

自由だ！

このような種の差別がまかり通って
いる社会の中で、主体的に生きるとして
も、そこには大きな壁があります。

種の差別主義とは、
自分が属する種の利益を
擁護しながら、他の種の利益を
排斥する偏見や歪曲するような
態度をいいます。

私たちの種以外
出入り禁止

ピーター・シンガー『動物の解放』*参照

* 戸田清 訳, 人文書院, 2011年 (改訂版)

チーターの生を考えたら
どんな姿が思い浮かびますか？

広い草原を飛び回りながら獲物を
捕らえる姿が思い浮かびます。

184

反面、豚の生を思うと
何が思い浮かびますか?

また犬の生はどうですか?

種の差別主義の中で、人間は動物に
差別的な生き方を与えます。
人間の決定によってある動物は
苦痛の沼に落ちることもあります。

こんな種の差別主義を終息させ、
動物を解放しようとする動きが
「動物解放運動」です。

ところが、非人間動物は動物解放
運動の主体になれません。

道徳的実践において、非人間動物は
生まれたての赤ちゃんみたいに、
どこまでも受け身の客体として
存在するからです。

非人間動物には感情と認知能力が
ありますが、道徳について考えるほど
の能力はありません。

動物を殺したり搾取したり
することに対して、私たちはすでに
いくつかの代案を持っています。

私たちはトラやウサギに
道徳的責任を問うことはできません。

うーん？

牛乳の代わりに
アーモンドミルクを飲む

リアルファーより
フェイクファーを着る

牛肉より
大豆ミートを食べる

道徳的責任を担う存在は、
道徳的選択ができる「能力」がある
人間だけです。だから、
動物解放運動の主体は
人間にしかなれません。

Liberty

動物解放に具体的な手順が
ないから、どう想像するかによって
その姿が変わるでしょう。

解放と聞いて、原始時代に戻った姿を思い浮かべる人はいないですよね。

社会が動物解放に向かって歩んでいると想像すると、

すごくゆっくり、しかし間違いなく進んでいると考えると、

動物解放は人間の生を脅かさない方向に進むに間違いありません。

私は人々が動物解放を恐れないことを願っています。

人間と動物が平和に共存できる方向に進んでいると思ってくれたらうれしいです。

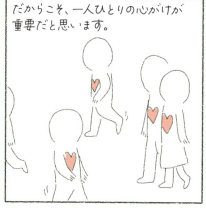

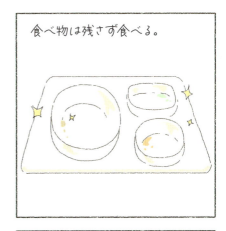

だから、時々自分の行動が
あまりにも小さく見えたりもする。

しょんぼり…。

私はすぐに屠畜場と動物園の
動物を救えないし、
すべての人を動物権運動家に
することもできない。

ハッ!!

あまりにも気楽に生きている
と思うこともある。

こういうふうに落ち込んでいるとき、
生活で習得したノウハウが発揮され

点が集まって線になり、
面になるように、

私たちの小さな点のような努力が
細かく織られ

丘のような絨毯となり
大きく輝くだろう。

special episode14
商品の選び方

何がヴィーガンかな？

検索

ヴィーガン商品を選ぶために
最も簡単な方法は、検索を
してみることです。

例）ヴィーガンラーメン、ヴィーガンゼリー、
ベジチーズ、ヴィーガンローション、
ヴィーガンダウン…。

食品

食品の成分表は複雑に
見えますが、アレルギー誘発成分表
を確認すると簡単に把握できます。

アレルギー誘発成分表に「牛乳、牛肉、卵」と書いてあったらノンヴィーガン製品です。

*牛乳、牛肉、卵入り

普通太いか大きい文字で書かれています

衣類

ノンヴィーガン成分

毛皮　羽毛　ダウン　ラマ　ラクーン
モヘヤ　ミンク　ビクーニャ
牛の角ボタン　スウェード　シルク
アルパカ　アンゴラ　キツネ　ウール
貝殻ボタン　キャメルヘヤ　カシミア
パシュミナ　　フリース

ノンヴィーガン成分

ラック色素　　ビタミンD３（一部除外）
ゼラチン　カルミン　　コチニール

ヴィーガン認証マーク*

動物実験×、　動物性の成分×

化粧品

ノンヴィーガン成分

ラクトオス　ラネス　ラネステロール
ラノリン　ラード　メチオニン
ミンクオイル　ビーズワックス　じゃ香
カミン　ケラチン　コラーゲン

その他

菜食、ヴィーガン情報が整理されたサービスを活用してみてください。

菜食ハンキ　　韓国国内の菜食食堂情報アプリ

HAPPY COW

海外菜食食堂情報アプリ

*製品やその製造過程が、動物由来の成分を含まないことや、動物実験を使用しないなどの基準を満たすと付与されるマーク。ヴィーガン認証は、民間や国によるものなどがあり、それぞれ基準が異なることに注意が必要。

その他	
ヴィーガンコンビニ	ブランド別ヴィーガン商品、ヴィーガン成分情報などヴィーガン消費に対して全般的な情報が整理された冊子。
ヴィーガン生活研究所	ヴィーガン製品かどうかを教えてくれるサービス。カカオトークで相談可能。

＊どちらも韓国国内向けサービス。

episode32
エコフェミニズム

私はまず、フェミニズムに関心を持ち

性売買　違法撮影　女性嫌悪犯罪　性差別

その次に動物権に関心を、

それから環境に…。

環境に関心を持ち始め、自然とエコフェミニズムに関心を持つようになった。

エコフェミニズムとは、生態主義*とフェミニズムを合わせた言葉だ。

生態主義　　フェミニズム

*生態系を重視する哲学や考え方。

「エコフェミニズム」では、人間を自然世界の一部とみなし、

人間同士の関係のように、人間と自然との関係において

既存の家父長制的な支配構造社会の問題を、平等で健全なものに変えることを促す。

崩れろ、権力ピラミッド

これを目指すに当たって、フェミニズム的思考を通して問題の克服を試みています。

私は家父長制の社会に暮らしている。  二つの存在には立場の違いがあり、権力者が非権力者を当然のごとく搾取している。	人間が自然世界とつながっているのは当然のことなのに…。
エコフェミニズムについて勉強するために『もっと少なく消費し、もっと存在せよ』*という本を推薦されて読んだが、	人間が自然を抑圧する姿に慣れてしまい、私は人間を自然からきれいに分離して考えていたようだ。
その中に、人間も「自然世界の一部」と書かれていてとても印象的だった。	今の支配構造のままでは、自然が枯渇し、誰であっても持続可能な生き方は難しい。

*エコフェミニズムについて、韓国の運動家、研究者など15人の寄稿を集めた書籍。日本未訳。

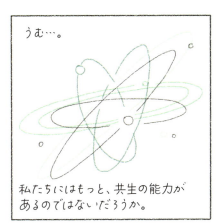

うむ…。

私たちにはもっと、共生の能力があるのではないだろうか。

ただ使い捨てのものと、何度でも使えるものがあったら、肉食と菜食があったら、環境を考えて選ぶだけだ。

それぞれの客体の多様性を尊重し、みんなが健康に生きること。

すぐには変えられないけれど、目指すことはできるのではないだろうか。

花の匂いが鼻に入ってくるとき、しとしと降る雨に打たれるとき、私が巨大な生態系の中にいることをほんの少し思い出すだけだ。

まだ私に生態主義は難しい。

どうやって自然を守ればいいのかまだまだわからない。

episode33
植物の苦痛

虐待されている犬や猫を見て、心を痛める人の前で、植物の苦痛はどうして心配しないのか、と非難するのと似ています。

「かわいそうなネコ…」

「ネコだけかわいそうなの？ネコが食べているエサはかわいそうじゃないの？」

「動物権のためにヴィーガンをやってるの」

「植物はかわいそうじゃない？ 植物も苦痛を感じるよ」

さらに、シカやリスのように植物を食べる動物を見たとき悪い動物が、植物に苦痛を与えているとは思いません。

「シカは本当に残忍だ！」

ヴィーガンになってたまに聞く話です。ああいう質問をする人のなかに、本当に葉野菜やニンジンの苦痛を心配する人はほとんどいないと思います。

植物は苦痛を感じません。少数の科学者だけが、植物も苦痛を感じると推測しているだけです。

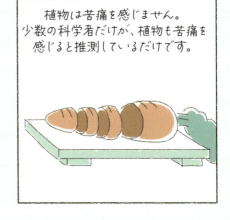

植物には脳や神経、痛覚細胞があリません。ハエトリグサのように動く植物は単に刺激に反応しているだけです。

また植物のことを考えるなら、フルータリアンになる方向もあります。フルータリアンは食物の成長に妨げにならないよう、落ちた葉や果物だけを食べることを志向します。

多くの植物が他の動物に食べられて繁殖している点を考えると、植物を食べるということが非倫理的ではないことがわかります。

植物すら食べないと、人は死にます。

本当に植物の苦痛が心配ならよほど菜食をしなければならないと思います。肉を作るには、同じ量の植物を作るときより、もっと多くの植物が使用されるからです。

穀物9kg　牛肉1kg

ヴィーガニズムは人間の生存権を脅かしません。お腹の中の寄生虫、人を食べようとする野生のクマ、伝染病を移す蚊の前で、ヴィーガンは当然人間の味方です。

私たちには自らを守る権利があります

ヴィーガニズムについての議論が、ヴィーガニズムの間違いを指摘する代わりに、もっと生産的な方向に流れたらいいなあと思っています。 	ヴィーガニズムは、野菜が絶対的な善だと言っているわけでもなく、肉食が絶対的に悪だと言っているわけでもなく、 ただ、少しでも多くの存在が苦痛を減らすことを願い、絶えず考え、行動を整える試みであり、実践だからです。
もし一部の人々がヴィーガンについて心配している通り、植物が本当に苦痛を感じているとしても、人間が本当に肉を食べないと生きていけないとしても、 それが、ヴィーガニズムは間違いだったという根拠にはなりません。 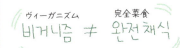	私は現在のヴィーガニズムが、活発な議論を経て前に進むことを願っています。 
ヴィーガニズムを実践するにはたくさんの方向性があるからです。必ず完全菜食をしないといけないわけではありません。 	ヴィーガニズムを定義することに拡張の可能性はないか。

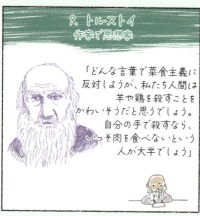

ヴィーガニズムは事実、誰でも簡単に実践できるものですが、ヴィーガニズムをかなり大きく、重く考えていて実践をためらう方も多いと思います。

そして、実践してもその実践が不完全という理由で自分を責めたり卑下する方もいます。

完璧になろうと努力する人ほど、または、失敗に対する恐れが大きな人ほど、ヴィーガニズムを実践するときに疲れやすいと思うんです。

これ以上はついていけない

罪の意識は、自分に「悪い人間」という烙印を押して、自分を虐待する方にエネルギーを向けるといいます。

『フィーリングGoodハンドブック』*、デビッド・バーンズ 参照

もしかして、こういうことを考えてはいませんか。

私は悪いことをした。だから私は悪い人間だ。

私の実践は足りない。だから私は足りない人間だ。

非難の矢を自分に向けたままだと、いつかは必ず倒れてしまうでしょう。

罪の意識とは、よりよい人間になるために自らをかりたてるムチにもなりますが、

前へ〜前へ〜

ヴィーガニズムを、健康的に続けて実践するためには、まず自分を尊重する心が大切だと思います。

*野村総一郎 監訳, 関沢洋一 訳, 星和書店 2005年

「私はいい人だ」という気持ち。

「私は人間だから、不完全なのは当然だ」という考え。

「しなきゃ」という考えを「したい」に変えるのはどうでしょう。

菜食しなきゃ。
→菜食したい。

動物を食べちゃダメ。
→動物を守りたい。

失敗したらダメ。
→成功したい。

ヴィーガニズムを実践することにしたのなら、他にも注意すべきことがあります。

私はみなさんが失敗やミスを恐れないことを願います。

あまり大きな義務を背負わないことです。何かをしなければならないという義務が大き過ぎると、自分を圧迫して一歩も動けなくなってしまいます。

『フィーリングGoodハンドブック』、デビッド・バーンズ 参照

すべての試みは実践で、すべての実践は終着地ではなく過程だからです。

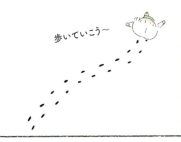

最近、私は動物として、他の動物たちと新しい関係を結んでいます。

私はヴィーガンを目指す自分が好きです。

考え、感情、行動において以前とは違った方向を選ぼうとしています。

誰かに影響を与えるかもしれない私の生き方、そして誰かとつながっているという気持ちを信じて行動すればあたたかさに包まれます。

当然だったことを疑問に思い、日常を整えています。

多くの存在が無事でいられるこの無害な連帯感をあなたとも共有したいです。

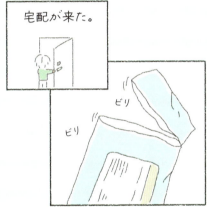

サスペンダーのフックや折られた面もユニークだ。 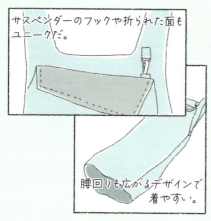 腰回りも広がるデザインで着やすい。	無難なスタイルからユニークなものまで、自分にあったものを選ぶ楽しみがあり 
いつからか、古着を好むようになった。 	デザイン毎に数量が限定されているので、限定版を買っているような特別な気がする。  私と同じ服を着ている人はあまりいないはず
まず服がかっこいいからだ。 	それに古着を着ると資源の浪費を減らせられる。 

流行に合わせて服を作り、消費するファストファッションが流行っているが、流行が過ぎれば服が捨てられるせいで、環境問題になったりもする。

どちらにしても、古着を買うと服を生産するときに使うエネルギーが減らされ環境保護にも役立つだろう。

環境部*によると、韓国で一日に廃棄される衣類の量は2016年基準259トンに達するという。

私はいくつかの中古販売店のSNSを購読している。

そういう廃棄物の大半は生分解性ではないので、200年以上腐らず有害ガスを放出する。

店によって個性が違って見ているだけでも十分楽しい。

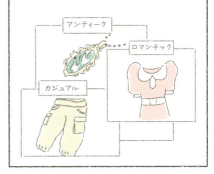

*韓国の国家行政機関で日本の環境省に相当する。

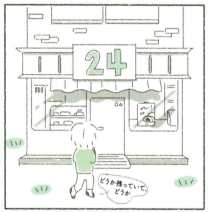

この頃、コンビニではヴィーガン弁当が売られている。 	大豆ミートたっぷりのパスタとゆでカボチャが入っていた。 
忙しい一日を終え、疲れた体で入ったコンビニには、運よくヴィーガン弁当がひとつ残っていた。 	大豆ミートに味がしみ込んでいて甘くておいしかった。  コンビニ弁当なのに。コンビニ弁当だなんて。
紙袋に入れて揺らさず丁寧に持って帰ってきた。 	数日後、他のコンビニでカルビ味のヴィーガン餃子を買った。皮がもちもちで味は濃くて、インスタントの餃子、まさにその味だった。 

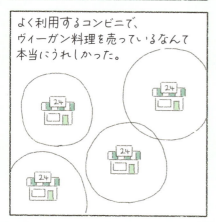

エピローグ

最後のピザ

　私は自分が最後に食べたノンヴィーガンピザを覚えています。おばあさんの家で食べた薄いパン生地のコンビネーションピザでした。ピザが配達されたあと、急な用事ができて、熱いピザをふーふーしながら、両端をくっつけ丸めて、口に詰め込んで玄関のドアを後にしました。数年前まではっきりと覚えていましたが、今は夢を見たように、シーンがばらばらです。私はこの記憶が薄れるほど、なぜか気分がよくなります。菜食だけで過ごした一日が増えるということは、それくらい菜食が健康に害のないことを証明した一日、さらに信念を行動に移した一日が増えたという意味だからです。

安寧ではない動物

　一方で今も無事ではいられない時間を過ごしている動物が多いことに、心が重くなります。今日も屠殺場には牛や豚、鶏をいっぱいに積んだトラックが入り、荷台が空になって出てきて、一日を終えるでしょう。農場動物や実験動物に安寧な一日が果たして存在するでしょうか。

　　　私はある人は愛し、ある人は飲み込んだ
　　　私はある人は撫で、ある人は着込んだ
　　　──スムビ*、「ある人は愛しある人は飲み込んだ」から

　私たちのなかに動物が苦しく生きてほしいと願う人はいないでしょう。ある存在の安寧を願う私たちのあたたかな心が少しずつ大きくなることを願います。

*ヴィーガン・アーティスト。

虹色のヴィーガニズム

　物語の主人公アメリの名前は映画『アメリ』から取ったものです。『アメリ』には、なにかが足りない人々が登場します。近所のおばさんは自分を捨てて死んだ夫を求めながらも寂しく暮らし、ある青年は上司にいじめられながらも何も言えません。映画の主人公アメリは守護天使となり、人々をあたたかく見守り、彼らの心にあたたかな光をともします。そして最後に、涙が出るほど求めていた愛情を手に入れるために勇気を出します。

　大きさが違う小石が、お互いの隙間を埋めるように、映画では不完全な人々が出会い、交流し、愛おしい物語を作り出しています。ヴィーガニズムもそういうものだと思います。色がみんな違う不完全なヴィーガンが集まり、強く愛おしい光を放つと信じています。

感謝する今日

　ヴィーガンになってから日常で最も変わったことは、漫画を描くようになったことです。毎日ヴィーガニズムについて悩み、問題について考えていると、冒険している気分になりました。ほぼ1年間作業しながら、多くの本や資料を見て勉強しましたが、まだ足りない点が多いと思います。動物権について今後も広く深く知り、実践したいです。『はじめてのヴィーガン日記』を描いて、私に残った最も大切なものは、まさに人々の応援です。紙の本で出す前にSNSで漫画を連載していたとき、多くの方に応援メッセージをもらいました。私の漫画に癒されたと、菜食に挑戦するきっかけになったと伝えてくれました。私のはじめての漫画が誰かにとって意味あるものになるのは、非常に光栄なことです。応援のおかげで私はより強い人間になり、作業を続けることができました。ありがとうございます。感謝の気持ちを込めて、エピローグ3編を新しく描きました。

最後に私を応援してくれて見守ってくれた編集者、マーケティング担当者、デザイナーに感謝いたします。家族と友人に愛していると、感謝していると伝えたいです。

ボソン

みなさん、安寧ですか

金みんじょん（翻訳）

　アンニョンハセヨ。韓国語における基本挨拶である。朝にも昼にも夜にもいつ会っても使える便利な言葉だ。アンニョンハセヨ。おはよう、こんにちは、こんばんは、そのどれにも当てはまる。

　「アンニョン」を漢字で書くと「安寧」になる。

　作者のボソンさんは、みんなの安寧を気にかけている。自分自身の安寧、人間の安寧、そして動物や植物の安寧が気になる。気になりだしたから調べ始め、ヴィーガンの道を歩む。作者は、ヴィーガンとは毎日三食完璧な菜食を貫くことではなく、週に1回でも、たまにでもいいので、動物の安寧を気にかけ、菜食することだという。だから「ゆるヴィーガン」を提唱する。ボソンさんにとってヴィーガンは行動であると同時に思想であり、生き方だ。一食、肉食を減らしたことで動物一頭の今日の安寧が守られたのなら、それは喜ばしいことではないか。そういう小さな実践を繰り返している。

　小さい頃、私は、韓国の田舎に住んでいた。家族で農場を経営していた。100頭の牛、5頭の犬、10頭の豚、50羽の鶏がいた。1980年代、韓国の農場はまだ工場化されておらず、牛たちはのびのびと広い草原でゆったりとした時間を過ごしていた。夕方4時になると犬たちが、牛追いを始める。やっと重い腰を上げた牛を牛舎に引率

するのだ。私は、追う犬と追われる牛たちを眺めた。静かになった
草原の丘には夕日が見え始める。そういう毎日を送っていた。もの
すごく豊かではなかったし、牛乳がうまく絞れない日もあった。子
牛が生まれる日は、家族みんなで見守った。まだそこそこ動物が安
寧だった日々のことだ。まさか、農場が今くらい工場化されるとは、
あの頃の私はちっとも思っていなかった。きっと母や父もいまのよ
うな世の中が来るとは想像もしなかったはずだ。食卓は豊かになっ
たのだろう。だが、より多くの動物が殺され、より多くの環境破壊
が起き、より多くの移民労働者が生まれ、より多くの人々が搾取さ
れているのだろうと漠然と思うのである。

　2006年に日本でも公開されたドキュメンタリー映画『ダーウィン
の悪夢』*を、それから数年経ち、偶然見ることができた。アフリカ
のビクトリア湖に放たれた外来魚ナイルパーチによって、生態系は
もちろん、湖の周りに住む人々の暮らし、世界の産業までものが変
わっていく姿を克明に捉えた作品だ。ナイルパーチは、フィッシュ
バーガーに使われるあの白身魚だ。ヨーロッパの国の人々は、ナイ
ルパーチを買いにやってくる。すると、漁業が盛んになる。豊かに
なる者も出てくる。だが、それだけではない。女性たちが湖に集まり、
性売買も盛んになり、病気が広がる。湖の環境が悪化し、悪臭によっ
て健康に害をもたらす。ヨーロッパから武器が流れ込むこともあり、
内戦が続く原因となる。それでも世界はフィッシュバーガーを求め
る。その利益はほとんど大企業のものとなり、ビクトリア湖に暮ら

*2004年にオーストリア、ベルギー、フランスなどの合作で作られた。

す人々の生活水準そのものが劇的に変わることはなかった。ヨーロッパから武器がアフリカに渡り、アフリカからナイルパーチという資源がヨーロッパに渡る様子を捉えたシーンは衝撃的だった。

　黄金の卵を産むガチョウとなったナイルパーチを巡る利権は、ほぼ多国籍企業が占め、大量生産と消費は加速し、結果的に現地の生態系も、現地に暮らす人々の暮らしもよくなるどころか、悪化の道をたどる。「食べる」ということについて深く考えさせられる作品だ。人類の存在目的が「食べる」ことではないにしろ、人間にとって「食べる」ことは生存のための重要な任務であり、また楽しみでもある。その裏で多くの動物が命を奪われ、人間自体も搾取の対象となっている。

　『ダーウィンの悪夢』くらいに衝撃的な動物関連のニュースを昨年目にした。11月、ニュースペンギン（気候危機に立ち向かう韓国の独立メディア）は、エビの養殖場で起きている信じられないことについて報道した。世界最大規模のアニマルライツ団体のPETAによると、ベトナム、タイ、オーストラリアなどのエビの養殖場で、メスエビの目を焼くか、取り除いて、繁殖を調節しているそうだ。目を見えなくするのは、生産量を増やすためだといわれている。エビの目の裏には、適切な環境で卵を産まないために繁殖を抑えるホルモンを出す器官があり、それを取り除くことでエビはどんな環境でも卵を産むことになる。たくさんのエビを生産するために、たくさんのエビが傷つけられている。さらに、マングローブ林の森もエビ養殖場

に変わりつつある。非倫理的であっても、多少の暴力があっても、環境が破壊されても「食べる」という欲望は止まらないのだ。

　5年ほど前、韓国のテレビ番組の取材で沖縄の豚農場をいくつか見学した。工場の中はあまり見せてもらわなかった。ただ一つ、気づいたことがあれば、それはそこで働いている人々だった。農場主は日本人だったが、雇用されている人々はみんな東南アジア出身だった。日本の畜産業が外国人労働者によって支えられているという事実を目の当たりにした。どういう環境で働いているのかまでは聞けなかったが、どうか異国で安寧でいてほしいと心から思ったのである。

　すべての命の安寧を願って書かれた『はじめてのヴィーガン日記』は、韓国初のヴィーガンマンガである。韓国語版はリサイクルのことを考え、表紙にあえてコーティングを施さず、本文に使われた紙の6割がリサイクル紙だった。
　韓国の『時事マガジン』は「主人公アメリは、動物の苦痛を見てみぬ振りができなくてヴィーガンになった。ヴィーガニズムは、肉や魚、乳製品を食べないことに限らず、一種の生に対する態度だ」と書いた。そして、「肉食の裏に何らかの不都合な真実があるなら、その真実を見つめることを恐れないでほしい」と付け加えた。
　『京郷マガジン』は「今の社会で自分の信念を明かすと、批判や抵抗と捉えられずに、嘲笑を覚悟しなければならないと思う人たちに

進めたい一冊」として『はじめてのヴィーガン日記』を推薦した。「肉を食べる人が読んでもいいのかと思うだろうが、そんな心配が無駄だと思うほど、ヴィーガンを理解しやすく身近なものとして描いている」とし、「ヴィーガンのハードルは決して高くなく、日常で実践可能な小さなことから今すぐ始めることができる」と本書を紹介した。

　『マリ・クレール』は「今年の恥ずかしがり屋の先生」部門で著者のボソンと本書を取りあげ、「作家の親しみある雰囲気、親切で知的な細かい指摘で構成された漫画は、ヴィーガンではない読者にも素晴らしい読み物になるだろう」と称賛した。

　日々、食卓に向かう。命がそこに並んでいる。それは暴力と殺戮の食卓でもある。日本では食事の前に「いただきます」と言う。まさに植物や動物の命をいただいている。そういう意味で食卓は、死の饗宴でもある。著者は、ヴィーガンになり、アニマルライツに興味を持ち、フェミニズムに関心を持ち、植物の生も気にかけるようになった。環境破壊は止まらず、気候変動は続いているが、それでも人類は大きく変わろうとはしていない。だからこそ、小さな試みに大きな意味があるのだと思う。週に1回、一日に1回でもいいので、菜食に挑戦してみたいと思う。完璧にできないからといって諦めず、淡々とできるときにできることをしたい。それがもしかしたら地球や人類を救うかもしれない。そんなに大げさでなくても、動物一頭を救うかもしれない。労働環境を改善できるかもしれない。動物の

権利を守ることは、人間が働く労働環境を守ることにもつながるだろう。

　やるべきことは多い。何ができるかは、それぞれの選択にかかっている。非倫理的で、暴力的で、破壊的な食卓を続けていくかどうか、それこそ月に1度、週に1度でいいから、考え、対話してほしい。
　そして本当にアンニョンハセヨと、誰かの安寧を心から安心して尋ねられる日が来てくれることを願い、できることを実践していきたい。ゆるく、長く、確実に。

はじめてのヴィーガン日記
菜食と動物のはなし
2025年3月21日　第1版第1刷発行

著＝ボソン
訳＝金みんじょん

発行人　森山裕之

発行所　株式会社太田出版

〒160-8571

東京都新宿区愛住町 22 第 3 山田ビル 4F

☎ 03（3359）6262

振替　00120-6-162166

ホームページ　https://www.ohtabooks.com

印刷・製本　株式会社シナノ

ブックデザイン　北田雄一郎

編集　須賀美月

乱丁・落丁はお取替えします。
本書の一部あるいは全部を無断で利用（コピー）するには、
法律上の例外を除き、著作権者の許諾が必要です。

ISBN978-4-7783-1968-7　C0036

©2025 KIM MINJONG